BEI GRIN MACHT SICH IHR WISSEN BEZAHLT

- Wir veröffentlichen Ihre Hausarbeit, Bachelor- und Masterarbeit

- Ihr eigenes eBook und Buch - weltweit in allen wichtigen Shops

- Verdienen Sie an jedem Verkauf

Jetzt bei www.GRIN.com hochladen und kostenlos publizieren

Bibliografische Information der Deutschen Nationalbibliothek:

Die Deutsche Bibliothek verzeichnet diese Publikation in der Deutschen National-
bibliografie; detaillierte bibliografische Daten sind im Internet über http://dnb.d-
nb.de/ abrufbar.

Impressum:

Copyright © 1984 GRIN Verlag, Open Publishing GmbH
Druck und Bindung: Books on Demand GmbH, Norderstedt Germany
ISBN: 9783656065647

Roland Engelhart

Wirtschaftsstruktur und Industriebetriebe der Region Reutlingen

Dargestellt anhand der Textilfirma Heinzelmann und der Messgerätefirma Wandel & Goltermann

GRIN Verlag

Roland Engelhart

Wirtschaftsstruktur und Industriebetriebe der Region Reutlingen. Dargestellt anhand der Textilfirma Heinzelmann und der Messgerätefirma Wandel & Goltermann

Inhaltsverzeichnis

1. Einleitung

Schon im frühen Mittelalter findet man in Reutlingen ein ausgeprägtes Gewerbe. Am stärksten waren ursprünglich die Gerber, später die Textilhersteller vertreten. Aus diesen handwerklichen Berufen entwickelten sich nach und nach Industriebetriebe, die Lederwaren, vor allem aber Textilien herstellten. Im Zeitalter der Industrialisierung entstanden Fabriken, die zunächst Strickmaschinen, Metalltuche (wichtig für die Papierherstellung), Papierspulen und schließlich Maschinen verschiedenster Art produzierten.

Ein charakteristisches Merkmal der Reutlinger Maschinenindustrie ist die starke Spezialisierung. Typisch ist auch, dass die Firmen nicht als Großunternehmen gegründet wurden, sondern sich aus kleinen Anfängen entwickelten. Sie befinden sich bis heute meist noch in Familienbesitz. Wegen fehlender eigener Rohstoffe handelt es sich in Reutlingen weitgehend um eine Veredelungsindustrie. Die Rohstoffe wie z. B. Baumwolle, Kohle und Eisen mussten weit transportiert werden. Nach dem Anschluss an das Eisenbahnnetz 1859 nahm daher die Industrie in Reutlingen einen starken Aufschwung.

Textilindustrie und Maschinenfabriken finden sich heute noch zahlreich in Reutlingen. Allerdings musste gerade in den letzten Jahren manche Firma schließen oder sich gesundschrumpfen. Eine große Bedeutung für Reutlingen hat die Textil- und Technikerschule. Es findet sich dort ferner die Westdeutsche Gerberschule, jedoch ist die Zahl der Gerberbetriebe stark zurückgegangen. Des Weiteren hat sich in neuerer Zeit die Feinelektronik angesiedelt.

Aufgrund dieser Struktur werden in diesem Referat zwei für Reutlingen typische Industriebetriebe vorgestellt: die Textilfirma Heinzelmann und die Messgerätefirma Wandel & Goltermann.

2. Heinzelmann H. GmbH & Co. Maschenmoden, Planie 20-24, Reutlingen

Die Textilfirma Heinzelmann ist eine der wenigen Textilfirmen Reutlingens, die sich entgegen der allgemeinen Konjunkturlage der Branche in den letzten Jahren halten und zudem noch expandieren konnte.

Der Betrieb wurde 1886 von Hermann Heinzelmann (1838-1896) gegründet. Interessant dabei ist, dass H. Heinzelmann ganz und gar nicht aus der Textilbranche stammte. Sein Vater war Rotgerber in Alpirsbach. Er selbst ging in die Lehre zu einem Gerichtsnotar. Sein Patenonkel, der in Kehl ein neues Sägewerk errichtet hatte, holte ihn 1860 als Kaufmann und späteren Geschäftsführer in seinen Betrieb. Hier erkannte er, dass die industrielle Entwicklung nicht aufzuhalten war. Da seine Gesundheit stark angegriffen war, musste er seine Tätigkeit aufgeben und zog zu seinem Schwager nach Reutlingen. Nach seiner schnellen Gesundung wurde auch er vom Unternehmergeist der Reutlinger Gründerjahre angesteckt und blieb in eigener Sache in Reutlingen. 1886 übernahm er die im Jahre 1872 gegründete Firma G. Wizemann, eine Strickerei. Sie befand sich am Graben in Reutlingen.

Die mechanische Strickerei befand sich damals noch in den Anfängen. An ihrer Entwicklung hatte die ortsansässige Reutlinger Firma Heinrich Stoll großen Anteil, die 1891 das Patent für die Links-Links-Strickmaschine anmeldete.

Folgenreich für die Entwicklung der Firma Heinzelmann war die Begegnung mit Dr. Heinrich Lahmann (1880-1905). Er entwickelte eine Reform - Baumwoll - Kleidung. Heinzelmann bekam hierfür das alleinige

Produktionsrecht. Als Strickrohmaterial musste eine spezielle ägyptische Mako-Langfaser verwendet werden. Mindestens seit 1891 bezog man im Direkteinkauf die Baumwolle aus Ägypten und zwar frühzeitig, da man nur so Gewähr für feinste Qualität besaß und man deckte sich zudem gleich für das ganze Jahr ein.

Aus dem Jahre 1897 ist ein Produktionserhebungsbogen erhalten. Aus ihm geht hervor, dass die Firma 190 Beschäftigte hatte, davon 150 in eigenen und 40 außerhalb der eigenen Betriebsstätten. Es wurde nur Baumwollgarn verarbeitet, das zu 5/6 aus dem Ausland bezogen wurde. Hauptartikel waren baumwollene Damen- und Herrenunterwäsche sowie Bettwäsche. 80 % der Erzeugnisse wurden in Deutschland abgesetzt, 10 % gingen nach Skandinavien und ebenfalls 10 % nach England. Auf dem englischen Markt führte Heinzelmann auch die Hemdhose ein.

Die Produktion wuchs beständig. Die Dr. Lahmann - Wäsche setzte sich im Inland wie im Ausland weiter durch. Um die wachsende Produktion in Griff zu bekommen, erstellte man 1907/1908 einen dreistöckigen Fabrikneubau. Er enthielt neue Maschinen und zudem eine eigene Bleicherei. Durch die in jenen Jahren allgemein anhaltende Konjunktur mangelte es in Reutlingen an genügend Arbeitskräften. So wurden Filialen auf dem Lande in Dettingen (bei Rottenburg) und Wachendorf (bei Horb) gegründet. Diese Entwicklung hielt bis 1914 an. Nun ging schon 1/3 der Produktion ins Ausland, vorwiegend nach England, aber auch nach Holland, Schweden, Dänemark, Österreich, Schweiz, Russland und in den Balkan. Nach dem Ersten Weltkrieg musste die Lieferung nach England wegen der Schutzzölle aufgegeben werden. Aufgrund des Kaufkraftschwundes im eigenen Land hörte man mit der Herstellung der hochwertigen Dr. Lahmann Artikel auf und wechselte auf die Produktion von preiswerterer Unterwäsche über.

Durch die Rückkehr von Hans Heinzelmann von einem Studien-
aufenthalt in den USA erhielt man neue Impulse. Gestrickte modische
Badekleidung, - bekannt geworden unter dem Namenzeichen
Orchideen-Badeanzüge -, wurde nun zum Hauptprodukt der Firma
Heinzelmann.

Nach dem Zweiten Weltkrieg wurde das Werk zu etwa 50 % demontiert.
In kleinerem Maße fing man mit Strickwaren allerlei Art an. Doch als es
in den 60iger Jahren durch eine liberale Importpolitik und somit durch
hohen Konkurrenzdruck zu hohem Preisverfall kam, wandte man sich
aus dieser Zwangslage heraus dem Damenoberbekleidungsmarkt zu,
der mehr Zukunft versprach. Große Investitionen wurden getätigt,
Kontakte zu Rom, Paris und London geknüpft und 1967 sogar Mary
Quant, die Erfinderin des Mini-Rockes, für kurze Zeit nach Reutlingen
geholt.

Durch gute Planung und Analyse, aber auch durch das nötige
Quentchen Glück gelang der Firma Heinzelmann im Jahr 1974 - mitten
in der wirtschaftlichen Rezession - der Durchbruch und zwar in der
Kombinationsmode. Entgegen der Prognosen und trotz fehlender
Aufträge hatte man qualitativ gute und modische Bekleidung hergestellt.
1974 konnte man einen 65 %igen Zuwachs verbuchen. Außerdem wurde
in jenem Jahr auch noch die Firma Krumm-Röcke Reutlingen
übernommen. Gleichzeitig mit der Kombinationsmode verlagerte man
sich auf Sport- und Freizeitbekleidung, insbesondere auf Bade-, Ski-,
Tennis- und Golfbekleidung.

Die steil ansteigende Produktion machte Neubauten erforderlich. In den
50 er und 60 er Jahren waren an den Gebäudekomplex in der
Planiestraße immer wieder Anbauten angehängt worden. Als jedoch

zwei bisher gemietete Räume wegen eines Schulbaus verloren gingen, war ein Neubau unumgänglich. 1977 wurde im Vorort Betzingen im Industriegebiet Mark Süd auf einem über 4 Hektar großen Gelände zwei Produktionsstätten errichtet. In diesem Zusammenhang seien auch die Gründung einer Tochtergesellschaft im Fürstenfeldbruck 1955 und neue Filialgründungen in Bayern, nämlich in Wartenberg 1966 und in Offingen 1976 erwähnt. Ferner bestehen Auslieferungslager und Verkaufsbüros in Berlin, Düsseldorf, Hamburg, München und Sindelfingen.

Ziel des Reutlinger Unternehmens ist es, die ganze Produktion nach Betzingen auszulagern. Man befürchtet dadurch allerdings einen Arbeitskräftemangel, da noch keine Buslinien in das Industriegebiet verkehren und auch sonst wenige Versorgungseinrichtungen geplant sind.

Mit Stolz weist man auf die hohen Umsatzraten hin. So war 1977 der Umsatz viermal so hoch wie 1961. Während im selben Zeitraum in der deutschen Textil- und Bekleidungsindustrie 37 % der Arbeitsplätze ver- loren gingen, ist die Beschäftigtenzahl bei Heinzelmann annähernd um diesen Anteil gestiegen. Die Firma beschäftigt heute (einschließlich der Filialen) etwa 900 Arbeitnehmer, davon sind 10 % Männer und 20 % Ausländer (in Bayern keine Ausländer). 80 % der Produktion verbleibt heute in der BRD, der Rest geht in die Beneluxstaaten, nach Österreich, in die Schweiz, nach Frankreich und ein kleiner Posten sogar nach Australien.

Die Firma Heinzelmann ist nach wie vor ein Familienbetrieb. Was sind die möglichen Gründe dafür, dass die Firma sich entgegen der düsteren Branchenerwartungen bis heute so gut gehalten hat? Nicht zuletzt scheint dies am Kontakt zum Ausland gelegen zu haben. Zum einen, dass man bereits vor der Jahrhundertwende das Rohmaterial direkt aus

Ägypten bezog und zum anderen, dass man schon sehr früh Export betrieb, der vor dem Ersten Weltkrieg mit einem Drittel der Produktion den Höhepunkt erreichte.

Besonders fruchtbar hat sich zudem immer wieder das Studium der „Heinzelmänner" im Ausland erwiesen. Durch die dadurch entstandenen Kontakte konnten öfters Lizenzen erworben werden. Daneben waren sicherlich ein guter „Riecher" und etwas Glück entscheidend. War man zunächst sehr eng auf die Produktion der Dr.-Lahmann-Wäsche und später auf die Orchideen-Badeanzüge spezialisiert, so umfasst heute die Produktion vor allem die Herstellung und Verarbeitung von Tuch zu vielen verschiedenartigen Bekleidungsstücken. Gerade dies ist ein untypisches Phänomen, wenn man die zunehmende Spezialisierung in anderen Betrieben vergleicht. Insgesamt wird in der jüngsten Zeit hauptsächlich Kombinationsmode sowie Sportbekleidung hergestellt, wobei ein gewisser Schwerpunkt auf der Damenoberbekleidung liegt.

3. Firma Wandel & Goltermann GmbH & Co., Elektronische Messgeräte, Mühleweg 5, Eningen unter Achalam (bei Reutlingen)

Die Firma Wandel & Goltermann wurde 1983 sechzig Jahre alt. Offiziell hat es am 30. November 1923 angefangen. Direkt nach der Währungsreform beantragten zwei junge Männer beim Postamt Reutlingen die Lizenz für die Einrichtung von Radioanlagen. Der Eine war ein junger Student, der Andere machte gerade sein Abitur. Nun konnten sie ihr bisheriges gemeinsames Hobby, das sie bis dahin „schwarz", also illegal, betrieben hatten, legalisieren. Mit der Lizenz lösten sich weitere Probleme. Mit dem Erlös verkaufter Geräte konnten die benötigten Bauteile gekauft werden und zum großen Teil wurde damit auch das Studium finanziert. Beide Jungunternehmer studierten Nachrichtentechnik.

Wandel & Goltermann waren also bei den Radioanlagen von Anfang an dabei. Die Rundfunktechnik steckte damals noch in den Anfängen. Kurz zuvor war in Berlin die erste Rundfunksendung ausgestrahlt worden. 1924 wurde der Stuttgarter Sender installiert. Überhaupt war Radioempfang damals noch eine schwierige Sache.

Nach Beendigung des Studiums 1929 bezog man das erste Ladengeschäft. Zuvor hatte man in der elterlichen Wohnung hantiert. Die Rundfunktechnik setzte sich immer mehr durch. Doch durch die Weltwirtschaftskrise wurde der Kundenkreis für die teuren Rundfunkempfänger kleiner. So verlegte man das Tätigkeitsfeld auf das Fernmeldegebiet. Es waren gerade automatische Fernsprechanlagen von der Industrie entwickelt worden. Die ersten größeren Aufträge zur Installation solcher Anlagen erhielt man durch das Rathaus Reutlingen und in der Chirurgischen Klinik der Universität Tübingen, wo außerdem eine Zentralradioanlage eingebaut wurde.

Dieser finanzielle Aufschwung wurde durch den Zweiten Weltkrieg stark unterbrochen. Ein Großteil der Mitarbeiter musste zum Militärdienst. Ferner durften Radioanlagen nicht mehr hergestellt werden und Fernsprechanlagen nur noch mit besonderer Genehmigung. So blieb also zunächst nur die Wartung der installierten Fernsprechanlagen, bis sich neue Aufgaben bei Institutionen auf dem Gebiet der Elektronik ergaben. Insbesondere war dies auf dem Gebiet der Fernmesstechnik der Fall. So wurden Messgeräte in kleinen Mengen hergestellt, die für Raketen wichtig waren.

Nach dem Krieg war es damit aus und man wandte sich zunächst der Reparatur der Radioanlagen zu. Wertvolle Unterstützung bekam man von Ingenieuren der jetzt geschlossenen Hochschulinstitute. Man begann auch eine kleine Fertigung eigener Rundfunkgeräte. Aber die Berührung mit der Messtechnik wirkte nach und bald wurden wieder Messgeräte gebaut. Es eröffnete sich ein neues Tätigkeitsfeld, dessen Reichweite man damals noch nicht ahnte. Für jegliche Art von Nachrichtensysteme war es notwendig, das stark zerstörte Fernmeldenetz in Deutschland instand zu setzen. Mit Hilfe der Trägerfrequenztechnik sollte ein modernes Fernmeldenetz geschaffen werden. Dieses neue System verlangte neue Messgeräte und die Firma Wandel & Goltermann begann solche Geräte zu entwickeln. Der Durchbruch gelang, als die Post diese Geräte kaufte. Die bisher nur regional bekannte Firma hatte nun Eingang in die kommerzielle Nachrichtentechnik gefunden. Bald kamen auch Aufträge aus dem benachbarten Ausland.

1954 wurden in Eningen die ersten eigenen Produktionsstätten errichtet. Man hatte damals 120 Mitarbeiter. Aufgrund der zunehmenden Aufträge konnte bald erweitert werden, da die Belegschaft inzwischen auf 250 Mitarbeiter angewachsen war. Die fortschreitende Entwicklung auf dem Trägerfrequenzsektor brachte immer neue Messaufgaben. So expandierte man immer weiter. Mit der Entwicklung solch hochelektronischer Präzisionsgeräte für die Nachrichtentechnik reichten Deutschland und Europa als Absatzgebiete nicht mehr aus. Inzwischen sorgen sechs eigene Tochtergesellschaften mit über 80 Vertretungen in 50 Ländern für den erforderlichen weltweiten Absatz. Heute beschäftigt die Firma Wandel & Goltermann in Eningen 1200 Leute.

Obwohl sich die Geschichte dieser Firma wie eine Traumkarriere anhört, war der Weg nicht geradlinig und hing wesentlich von der Risikofreudigkeit und vom Erfindergeist der Unternehmensgründer ab. Es bedarf eines hohen technischen Wissens, um bei der Messgeräteherstellung führend sein zu können. Dies wird insbesondere durch eigene Weiterbildung gewährleistet.

4. Literaturhinweise

- AURNHAMMER, A.: Die Metallindustrie in Südwürttemberg-Hohenzollern, in: Südwürttemberg-Hohenzollern; Oldenburg 1960 (S. 101-126)

- CRIM, C.: Leistungen und Sorgen der Textilindustrie, in: Baden-
  Württemberg und seine Wirtschaft; Heidelberg 1959 (S. 123-125)

- ERDMANN, G.: Die Textil- und Bekleidungsindustrie, in: Südwürttemberg-Hohenzollern; Oldenburg 1960 (S. 87-100)

- GAUSCHE, W.: Im Südwesten sind Gerber und Ledererzeuger heimisch,
  in: Baden-Württemberg und seine Wirtschaft; Heidelberg 1959 (S. 131-
  133)

- HANDBUCH DER GROSSUNTERNEHMEN; Band 2; Darmstadt 1974

- Das HEINZELMANN-LESEBUCH; Reutlingen 1978

- HUBBERTEN, H.: 100 Jahre Technikum für Textilindustrie in Reutlingen;
  Reutlingen 1955

- KERN, H.: Landkreis Reutlingen - Gesunde Wirtschaftsstruktur ist das
  Kennzeichen, in: Baden-Württemberg und seine Wirtschaft; Heidelberg
  1959 (S. 263-264)

- LOSER, F.: Die Pfortenstädte der Schwäbischen Alb, Tübinger Geogra-
  phische Studien, Heft 6; Tübingen 1963

- MEYER-HAITZ, D.: Struktur und Entwicklung des Maschinenbaus, in:
  Baden- Württemberg in Wort und Zahl; Band 22; 1974 (S. 34-40)

- MÜLLER. G.: Der Kreis Reutlingen; Stuttgart 1975

- SCHMID, W.: Der Industriebezirk Reutlingen-Tübingen, Tübinger Geo-
  graphische Studien, Heft 4; Tübingen 1960

- SCHNABEL, H.: Ursprung und Struktur der Bekleidungsindustrie in
  Baden-Württemberg, in: Baden-Württemberg und seine Wirtschaft;
  Heidelberg 1959 (S. 127-128)

- SCHINDLER, H.: Die Reutlinger Wirtschaft von der Mitte des 19. Jahrhunderts bis zum Beginn des ersten Weltkriegs, Tübinger Wirtschaftswissenschaftliche Abhandlungen, Band 8; Tübingen 1969

- SOMMER, J.: Aus der Geschichte dreier Gewerbe in Reutlingen; Reutlingen 1952

- STECKER, G.: Die Wirtschaft im Bezirk der Industrie- und Handelskammer Reutlingen, in: Südwürttemberg-Hohenzollern; Oldenburg 1960 (S. 61-70)

- THOMA, H.: Die wirtschaftliche Entwicklung der Stadt Reutlingen 1803-1914; Tübingen 1929

- WANDEL, E.: Die Industrialisierung Reutlingens im 19. Jahrhundert, dargestellt an den Gründerfamilien; Redeskript anlässlich der Universitätswoche in Reutlingen; 27.11.1981

- WANDEL & GOLTERMANN, 1923-1973; Reutlingen 1973

- WANDEL & GOLTERMANN, herausgegeben von Wandel & Goltermann; Eningen (ohne Jahresangabe)